江户博物文库

菜树之卷

菜樹の巻

Trees and Greens
Ripening Blessings

日本工作舍 编
梁蕾 译

北京联合出版公司
Beijing United Publishing Co.,Ltd.

序言

为丰收祈福
Ripening Blessings

堪称江户博物图谱最高杰作的《本草图谱》，由大约 2000 种植物的彩色插图构成，其中包括谷物、蔬菜、水果等大量的食用植物。江户时代也是一个在农业上积极引进新种植物的时期。这些新种植物虽然有的被用于救荒，但也极大地刺激了人们对于"食"的好奇之心。

With its over 2000 color woodcut illustrations, *Honzo Zufu* is the masterpiece of Edo period natural history books.
While the focus is on medicinal herbs, it includes a large number of cereals, vegetables, fruits and other edible plants as well.
The Edo period was an era when new agricultural plants were actively introduced. Some of them were only eaten during famines and other emergencies, but even so they seem to have greatly stimulated people's curiosity about "food".

选自《本草图谱》
柿子（*Diospyros kaki*）
的各种加工食品

目录·出处

选自《本草图谱》

谷部　005

麻麦稻类 / 稗粟类 / 菽豆类 / 酿造类

菜部　020

荤菜类 / 柔滑类 / 蓏菜类 / 水菜类 / 芝栭类

果部　072

五果类 / 山果类 / 夷果类 / 味类 / 蓏类 / 水果类

树木部　118

香木类 / 乔木类 / 灌木类 / 寓木类 / 苞木类 / 服帛类、器物类

[东京大学研究生院理学系研究科附属植物园（小石川植物园）藏]

解说　医食同源：置生死于度外　185

索引　189

[注记]

本书收录的插图选自《本草图谱》的后半部分。

各插图的说明按"拉丁语学名""汉语名""英语名""科名"的顺序表示。

其中英语名不一定为确定的说法,仅供参考。

插图也未必准确无误,不适合用于物种的识别判定。

原图出现不同程度的褪色,本书在色调上做了适当的补正。

[参考文献]

北村四郎监修《本草图谱综合解说(全4卷)》同朋社

曲亭马琴编《增补俳谐岁时记刊草(上·下)》岩波文库

水原秋樱子·加藤楸邨·山本健吉监修《彩色图说日本大岁时记》讲谈社

人见必大《本朝食鉴(全5卷)》平凡社东洋文库

吉野江美子《万叶花草入门》柳原出版

谷部

Linum stelleroides
野亚麻
Stiff flax
亚麻科

亚麻科亚麻属一年生或二年生草本植物。日本名"松叶人参"。日本国内从北海道至九州有分布，但自生地有限。一般不作药用。与亚麻(*L. usitatissimum*)同样，种子可榨油供食用，纤维可用于织布和制纸。

Avena fatua
野燕麦
Common wild oat
禾本科

禾本科燕麦属一年生草本植物。原产于欧洲、东亚。日本名"乌麦"。为日本的史前归化植物，日本全国有分布。一般不作食用。别名叫"雀麦"。燕麦（*A. sativa*）为其栽培种。

Polygonum thunbergii
戟叶蓼
Water pepper
蓼科

蓼科蓼属一年生草本植物。日本名"沟荞麦"。日本的民间疗法常用,茎叶煎服用于风湿,鲜叶捣烂外敷用于伤口止血等。《本草图谱》中将戟叶蓼与苦荞麦(*Fagopyrum tataricum*)相混同。

Oryza sativa

水稻

Asian rice

禾本科

关于水稻的原产地，有中国长江下游地区原产和东南亚原产等不同说法。日本开始种植水稻是有人认为在绳文时代（新石器时代）后期，但一般认为是在弥生时代（公元前10世纪—3世纪中期）后期。粳米和糯米都是水稻的一种。

Zea mays
玉米
Maize
禾本科

原产于中南美洲。玉米最早传入日本是在天正年间(1573—1592),由葡萄牙人将种子带到长崎,逐渐在一些坡地、旱地上开始栽培。18世纪末,其种植范围扩大到北海道室兰一带。

Setaria italica var. ramifera
粟
Foxtail millet
禾本科

也叫小米。在中国北方栽培历史悠久，有多种人工培育品种。黄河文明以来直到16世纪，小米一直都是人们的主食。"米"本来指小米。本图为粟的一个变种。

Echinochloa crus-galli var. echinata
稗子
Cockspur
禾本科

禾本科稗属一年生草本植物。紫穗稗（*E. esculenta*）为稗子的栽培品种，以前一直是日本重要的杂谷作物之一。进入昭和时代（1926—1989）后，随着水稻产量的提高，稗米的消费和栽培大大减少。

Artemisia monophylla
柳叶蓬
Japanese mugwort
菊科

菊科蒿属多年生草本植物。为日本固有的高山植物。也叫"一叶蓬"。《本草图谱》中标记为"飞蓬"。关于飞蓬，李时珍《本草纲目》中有饥年蓬实可采集食用用以济荒的记述。

Coix lacryma-jobi var. ma-yuen
薏苡
Job's tears
禾本科

禾本科薏苡属一年生或多年生草本植物。原产于亚洲热带地区。薏苡仁是传统的药用食品，具有健脾利尿、养颜美容等作用，对扁平疣和寻常赘疣有一定疗效。其精华成分也经常配入护肤品中。

Papaver somniferum
罂粟
Opium poppy
罂粟科

罂粟在室町时代(1336—1573)由印度传入日本。未熟蒴果可提取乳汁,干燥加工后就是鸦片。但从完熟蒴果中收取的种子罂粟籽可食用。常用于面包烘焙或榨油等。

Papaver rhoeas
虞美人
Corn poppy
罂粟科

在日本也称"虞美人草",因夏目漱石的同名小说而著称。在欧洲和中国,花及果实供药用,有镇咳、止泻等功能。在日本只用于观赏。

Glycine max
大豆
Soya bean
豆科

古代由中国传入日本。17世纪才引进到欧洲。现在，世界最大的大豆生产国是美国。美国的大豆栽培始于19世纪中叶，种豆由马休·佩里从日本带回美国并传播到各地。

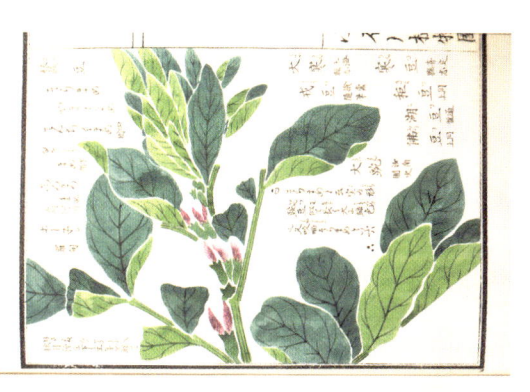

Vicia faba
蚕豆
Broad bean
豆科

原产于地中海沿岸、亚洲西南部。经由丝绸之路传入日本。因初夏养蚕时节豆子开始成熟，且豆荚形似老蚕，所以称蚕豆。日语也称"空豆"，因其豆荚仰向天空而得名。

Vigna unguiculata var. catjang
豇豆
Cowpea
豆科

原产于非洲热带地区。平安时代(794—1192)初期传入日本,开始在日本各地栽培。图为短豇豆的一种,豆荚卷起呈对称环状。《本草图谱》中记载为"眼镜豇豆"。

Canavalia gladiata
刀豆
Sword bean
豆科

原产于亚洲热带地区,在伊斯兰国家食用较多。刀豆过去在日本一般只用于腌制八宝酱菜等,近年则因为对牙周炎等口腔疾病有较好疗效而受到人们的关注。

菜部

Allium fistulosum
葱
Welsh onion
石蒜科

本图为大葱。大葱是葱种下的一个品种，也是食用最多的一种葱。在日本，以仁田葱为代表的软白品种一般栽培于寒冷地，以九条葱为代表的叶葱则多栽培于温暖地。

Allium schoenoprasum var. foliosum
细香葱
Japanese chive
石蒜科

葱的一种。日本名"浅葱"。在平安时代的律令集《延喜式》中被记载为"岛葱"。别名又称线葱、扇葱、姬虾葱等。地下有小鳞茎,叶子极细,色浅绿,所以被称作浅葱。

Brassica campestris
芸薹
Turnip rape
十字花科

十字花科芸薹属二年生植物。又称油菜。自古有栽培,是一种重要的油料作物。但现在的菜籽油主要以欧洲油菜(*B. napus*)为原料。芸薹则多在花前采摘菜苔作蔬菜。

Brassica rapa var. nipposinica
水菜
Potherb mustard
十字花科

十字花科芸薹属植物。根据《雍州府志》（1686年）的记载，"水菜"在当时的京都西南部已经开始有栽培。田间不使用粪肥，而是引入清净的河水进行种植，所以被称作"水菜"。

Brassica campestris var. glabra
红皮芜菁
Red turnip
十字花科

十字花科芸薹属二年生草本植物。根据不同的原产地,芜菁有亚洲型和欧洲型。在日本种植的芜菁主要是古代由中国传来的亚洲型,但在东日本的部分地区也有从西伯利亚传来的欧洲型。

Raphanus sativus var. hortensis
细根萝卜
Japanese radish
十字花科

萝卜的一个品种。萝卜品种多样,在世界各地都有分布。关于萝卜的最早记载可追溯到公元前2200年的埃及。萝卜传入日本据说在弥生时代以前。

Zingiber officinale
生姜
Ginger
姜科

原产于亚洲热带地区，与蘘荷一起传入日本。古时人们曾经把香味较强的生姜称作"兄香"，把香味较淡的蘘荷称作"妹香"。

Glebionis coronaria
茼蒿
Crown daisy
菊科

原产于地中海沿岸。引进中国后开始作为蔬菜食用。江户时代（1603—1867）传入日本，叶片羽裂较少的圆叶茼蒿多种植于气候温暖的四国和九州，羽裂较多的花叶茼蒿耐寒性强，多种植于四国、九州以东地区。

Coriandrum sativum
芫荽
Coriander
伞形科

伞形科芫荽属一年生草本植物。原产于地中海沿岸及中亚地区。在日本，也称香菜、"coriander"（英语）或"pakuchi"（泰语）。芫荽在平安时代就已传入日本，但因气味独特，作为食材，一直不受欢迎。

Corydalis incisa
刻叶紫堇
Japanese fumewort
罂粟科

罂粟科紫堇属植物。日本全国有分布。日本名"紫华蔓"。全草含刻叶紫堇胺等多种生物碱,为有毒植物。外观与可食用的伞形科植物峨参(*Anthriscus sylvestris*)近似,采摘山菜时需注意识别。

Foeniculum vulgare
茴香
Fennel
伞形科

原产于地中海沿岸。平安时代由中国传入日本。在日本冲绳地区作为具有调理肠胃的作用的当地蔬菜而备受喜爱。意大利料理中常用的佛罗伦斯茴香是茴香的一个变种,主要以肥大的鳞茎为食用部分。

Ocimum basilicum
罗勒
Basil
唇形科

原产于亚洲热带地区。种子浸泡后表面有一层凝胶状物质，可以用来清洗眼睛、治疗眼病等。在日本过去被作为汉方药进口，日本名"目帚"。

Barbarea orthoceras
山芥
American yellowrocket
十字花科

十字花科山芥属二年生植物。在日本主要分布于本州中部以北。幼苗嫩叶可食用,过去在日本常用于焯食或炸食。现在出于对物种的保护,许多地方已禁止采摘。

Wasabia japonica
山萮菜
Japanese horseradish
十字花科

十字花科山萮菜属常绿宿根植物。日本名"山葵",分布于本州、四国、九州等地。新鲜根茎具有独特辛辣清香,是日本料理不可缺少的香辛佐料。但一般常用的"粉末辣芥"通常以欧洲原产的辣根(*Armoracia rusticana*)制成。

Beta vulgaris var. *cicla*
莙荙菜
Chard
藜科

甜菜的一个品种,俗称牛皮菜。具有耐寒性,可四季栽培,所以在日本被称为"不断草"。公元500年左右由西亚传入中国,传入日本的年代不详。

Portulaca oleracea var. sativa
马齿苋
Common purslane
马齿苋科

广泛分布于世界的温带及热带地区。古罗马老普林尼的《博物志》中介绍，马齿苋可用于多种疾病和外伤的治疗。在日本主要作为食用栽培。

Callitriche palustris
沼生水马齿
Spiny water starwort
车前科

车前科水马齿属一年生草本植物。广泛分布于亚洲温带地区、欧洲、北美及格陵兰岛、新几内亚岛等地。日本名"水繁缕",通常四季开花,在日本是一种常见的水田田间杂草。

Cichorium endivia
苦菊
Endive
菊科

菊科菊苣属一年生植物。常混同于菊苣（*C. intybus*），二者均有苦味。早在古代埃及，苦菊就已经成为人们食用的一种蔬菜。江户时代传入日本，被作为观赏植物栽培。

Lactuca indica
翅果菊
Indian lettuce
菊科

原产于东南亚。分布于中国、日本、朝鲜半岛、东南亚等地。是与水稻栽培技术一起传入日本的史前归化植物。与莴苣（*L. sativa*）为近缘植物，叶、嫩茎及幼苗可食用。

Ixeris dentata var. *albiflora*
齿叶苦荬菜
Korean lettuce
菊科

菊科苦荬菜属的一种。日本全国有分布。一般不作食用。苦荬菜在日语称"苦菜"，但冲绳料理中的"苦菜"指"假还阳参（ *Crepidiastrum lanceolatum* ）"。

Trigonotis peduncularis
附地菜
Cucumber herb
紫草科

紫草科附地菜属一年或二年生植物。茎叶揉搓后有类似黄瓜的青味,在日本被称作"胡瓜草",别名"田平子",容易混同于"小鬼田平子"。小鬼田平子为菊科植物"稻槎菜(*Lapsana apogonoides*)"。

Basella alba
落葵
Indian spinach
落葵科

落葵科一年生蔓生植物。原产于东南亚。嫩苗、茎叶可供食用。在日本称"蔓紫",过去一直被作为观赏植物栽培。味道像菠菜,又具有独特的黏滑口感。别名"木耳菜"。

041

Houttuynia cordata
鱼腥草
Lizard tail
三白草科

三白草科蕺菜属伏地蔓生植物。在日本自古就被当做民间药材,又称"十药""重药"等。加热调理后,腥臭味儿基本消失。嫩茎叶也常用于炸食等。

Pteridium aquilinum
蕨
Western bracken fern
碗蕨科

碗蕨科蕨属下的一种蕨类植物。嫩叶可食用，但有毒，需要提前水煮、浸洗处理，否则会引起流产、失明等。根状茎可以提取淀粉食用，在日本常被用来加工成一种传统凉果"蕨饼"。

Osmunda japonica
紫萁
Asian royal fern
紫萁科

紫萁科紫萁属的一种蕨类植物。嫩茎叶可供食用，炒食、煮食皆宜，是一种美味的山野菜。紫萁新芽时呈涡卷状，在日语中称"Zenmai"，汉字写"薇"。因此发条在日语中也称"薇发条"。

Drosera peltata
茅膏菜
Shield sundew
茅膏菜科

茅膏菜属下的一种多年生食虫植物。广泛分布于亚洲及大洋洲。在中国，主要煎服用于治疗胃痛、痢疾、抽风痉挛等。叶片边缘可分泌粘液，能够粘住虫子或小石子，在日本被称作"石持草"。

Pteridophyllum racemosum
蕨叶草
Pteridophyllum
罂粟科

日本特有种。日本名"筬叶草"。筬就是织机上梳理经线的筬子，形容其排列整齐的叶片。以前又称"花荙"，但现在花荙完全指另一种植物。

Apios fortunei
土圞儿
Groundnut
豆科

豆科土圞儿属多年生蔓生植物。主要分布于中国南部、日本等地。地下有块根，可加热食用，另外也用于治疗感冒咳嗽、咽喉肿痛，外用治毒蛇咬伤。

Dioscorea polystachya
山药
Glutinous yam
薯蓣科

薯蓣科薯蓣属多年生缠绕植物。在日本虽有自生，但也有室町时代以后从中国传来之说。日语中"山芋"指一种野生山药"日本薯蓣"。江户时代以前民间有"山芋会变鳗鱼"的迷信。

Ipomoea batatas
番薯
Sweet potato
旋花科

旋花科番薯属一年生植物。原产于美洲热带地区。17世纪传入日本，是当时重要的救荒作物。18世纪，青木昆阳从萨摩（现鹿儿岛一带）引进种苗，开始推广到东日本。

Lilium rubellum
姬早百合
Japanese tiny lily
百合科

是日本特有的一种百合，分布于宫城县南部以及新潟、福岛、山形三县相接的山地。一般也称小百合，在园艺家之间被称为乙女百合。

Lilium longiflorum
麝香百合
Easter lily
百合科

原产于琉球群岛、九州南部。江户时代开始普及到日本全国各地。德国博物学家西博尔德(1796—1866)在向欧洲介绍此花时称其为"Blunderbuss lily(喇叭铳百合)",因此在日本有"铁炮百合"之称。

Lilium medeoloides
浙江百合
Wheel lily
百合科

叶片轮生于茎,形似车辐,日本名"车百合"。日本国内主要分布于北海道、本州中部以北的高山或亚高山地带。鳞茎被用于阿伊努族料理。百合中鳞茎可供食用的为天香百合、小卷丹和卷丹这三种。

Fritillaria camtschatcensis
黑百合
Chocolate Lily
百合科

百合科贝母属的一种高山植物。日本国内主要生长在中部地方以北的高山带的草原上。鳞茎可食用,但花有恶臭。在英语中也被称作"臭鼬百合""臭尿布""茅坑百合"等。

Stachys sieboldii
甘露子
Chinese artichoke
唇形科

唇形科水苏属宿根植物。原产于中国。在元禄年间（1688—1704）传入日本。地下多横走根茎，根茎顶端有螺丝状肉质块茎，在日本常用梅醋腌制成糖醋酱菜，是一种必备的年节小菜。

Phyllostachys bambusoides

桂竹

Japanese timber bamboo

禾本科

禾本科刚竹属植物。江户时代的《本朝食鉴》中，把日本的食用竹笋分为三种：苦竹、淡竹和细竹。其中的苦竹就是桂竹，日语称"真竹"。在中国常用于解酒毒。

Phyllostachys heterocycla f. pubescens
孟宗竹
Moso bamboo
禾本科

也叫毛竹,原产于中国南方的一种竹子。何时传入日本,众说不一。18世纪以后已遍布日本全国,是日本的竹子中形体最大的一种,竿高可达25米左右。竹笋涩味较少,可供食用。

Solanum melongena
茄子
Eggplant
茄科

原产于印度东部。奈良时代（710—794）就已经有腌制酒糟茄子的记载。茄子日语发音为"Nasu"，一说是由夏天结的果实"夏实（Natsumi）"演变而来。是夏季的代表蔬菜之一。

Solanum lycopersicum
番茄
Tomato
茄科

原产于美国，也有秘鲁原产和墨西哥原产之说。在日本，17世纪最早传入长崎。当时人们还只是把它当成一种奇特的观赏植物栽培。

Lagenaria siceraria var. gourda
葫芦
Gourd
葫芦科

葫芦是最古老栽培的植物之一。原产于非洲,被作为食用和加工材料传播到世界各地。据说绳文时代就已传入日本,在日本一般被称作"瓢箪"。

Benincasa hispida
冬瓜
Winter melon
葫芦科

原产于印度、东南亚。平安时代传入日本。常用来腌制酒糟酱菜。收获期虽在夏天,但可以一直保存到冬天,所以被称为"冬瓜"。

Cucurbita moschata var. meloniformis
南瓜
Pumpkin
葫芦科

图右为磨盘南瓜，原产于中美洲，16世纪末传入日本，是日本常见的一种南瓜。图左为金丝瓜，是美洲南瓜（*C. pepo*）的一个变种，瓜肉用筷子搅拌即呈透明丝状，在日本俗称面条瓜。

Cucumis sativus
黄瓜
Cucumber
葫芦科

原产于喜马拉雅，3000年前在印度开始栽培。10世纪前传入日本。江户时代以前人们主要以老熟瓜为食用对象，因苦味较强，一直不受好评。

Momordica charantia var. pavel
苦瓜
Bitter melon
葫芦科

原产于亚洲热带地区，苦瓜种子的表面有一层种皮，成熟后种皮会变红变甜，在中国焙干后用于冲饮。

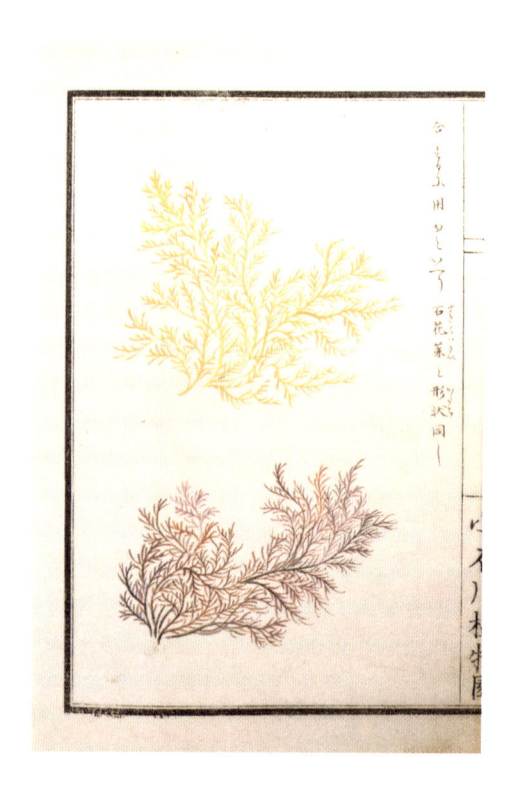

Gelidium amansii
石花菜
Agar-agar
石花菜科

《本草图谱》中还收录了一些海藻类植物。这里主要介绍其中比较有代表性的石花菜类。石花菜类属于一种红藻,藻体内含红藻淀粉,可以用来提取琼胶,加工冻粉等。在日本叫"天草"。

Menyanthes trifoliata
睡菜
Bog-bean
龙胆科

龙胆科睡菜属多年生沼生草本植物。广泛分布于北半球。在日本多生长在亚寒带或高山地带,但京都深泥池、东京三宝寺池等个别暖带区域也有少量自生。在欧洲常用于健胃、解热等。

Gomphus floccosus
喇叭陀螺菌
St. Georges mushroom
鸡油菌科

鸡油菌科陀螺菌属的一种真菌。广泛分布于北半球。菌体最高可达20厘米。可供食用，但食后也有人会出现恶心、腹泻等轻微症状。食用前用开水焯洗可减轻毒性。

Tricholoma matsutake
松口蘑
Pine mushroom
口蘑科

松口蘑与日本有着很深的渊源,弥生时代的遗迹中就曾出土过松茸形的土偶。《万叶集》中有"高松のこの峰も狭に笠立てて満ち盛りたる秋の香のよさ"(大意:高松峰中松茸伞,秋香四溢诱人归)。

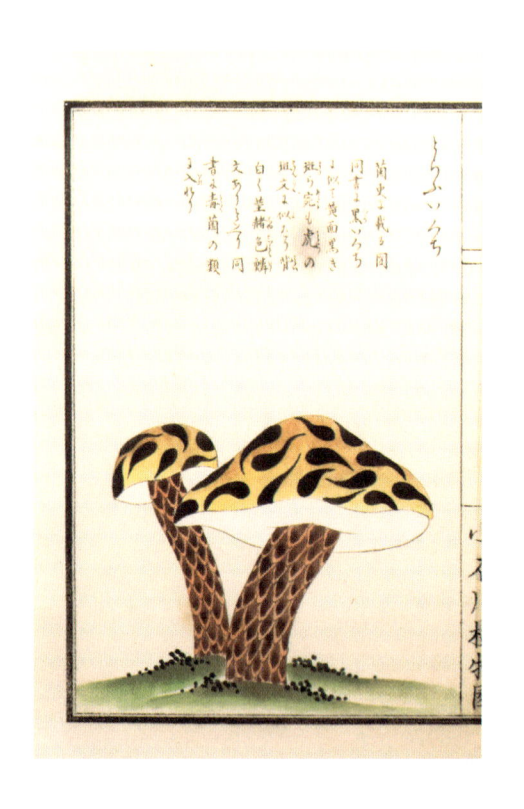

Boletus violaceofuscus
紫褐牛肝菌
Japanese porcini
牛肝菌科

牛肝菌科牛肝菌属的一种野生食用菌。外观虽丑,但味道极好,与意大利菜中常见的白牛肝菌为近缘。不过粉黄牛肝菌(*Neoboletus venenatus*)有较强的毒性,可导致幻觉、视物模糊等精神症状。

Ramaria botrytis
珊瑚菌
Clustered coral
鸡油菌科

鸡油菌科珊瑚菌属的一种食用菌。秋季多生长在杂木林里。菌肉脆嫩、鲜美。在日本被称作"箒茸",因为有外观酷似的毒蘑菇存在,所以一般很少食用。

Helvella lacunosa
多洼马鞍菌
Late grey saddle
马鞍菌科

马鞍菌科马鞍菌属的一种真菌。多见于高山地带,广泛分布于世界的温带地区。伞盖部可食用,但生食有可能引起胃肠症状。

Mutinus caninus
蛇头菌
Dog stinkhorn
鬼笔科

鬼笔科蛇头菌属的一种真菌。为非食用菌类。菌盖顶端有粘稠状孢子，散发恶臭气味。本图有可能是竹林蛇头菌（*Mutinus bambusinus*）。

果部

Prunus salicina 'Kelsey'
兜李
Plum
蔷薇科

李子的一个品种，原产日本。在日本又称"巴旦杏"，但与人们常食的坚果巴旦杏无关。在中国巴旦杏指扁桃（*Amygdalus dulcis*）的内核。

Prunus mume var. microcarpa
小梅
Japanese small apricot
薔薇科

500多种梅子中的一个品种。梅子原产于中国。奈良时代以前就已传入日本。果实可用于盐渍或泡制梅酒等。梅干在日本虽然自古就有，但现在的制法确立于江户时代。

Amygdalus persica
桃
Peach
蔷薇科

原产于中国。在日本桃的发音为"momo",过去也写成"毛毛"。公元前4世纪经由波斯传入欧洲。英语的"peach"(桃)源于拉丁语的"persicum malum"(波斯的苹果)。

Castanea crenata
栗
Japanese chestnut
壳斗科

分布于日本全国、朝鲜半岛南部。绳文时代曾作为主食。本图为日本栗的园艺种"丹波栗"。通常被称作"天津栗"的栗子为中国板栗(*Castanea mollissima*)。

Fagus crenata
日本水青冈
Japanese beech
壳斗科

壳斗科水青冈属落叶乔木。日本名"橅（buna）"，是日本温带林的代表树种。果实也叫"棱栗"（有棱角的栗子），富含油分，无涩味，可以炒食或生食。

Aesculus turbinata
日本七叶树
Japanese horse-chestnut
无患子科

无患子科七叶树属下的一种高大落叶乔木。日本全国有分布。种子富含淀粉、蛋白质，脱涩后可食用，过去常被储备作救荒食物。

Ziziphus jujuba
枣
Jujube
鼠李科

原产于中国北部。日本自古有栽培。日本岐阜飞驒一带的红枣甘露煮为当地的传统食品。酸枣的种子又叫"酸枣仁",常用于治疗失眠等。

Chaenomeles japonica
日本木瓜
Japanese quince
蔷薇科

蔷薇科木瓜属落叶灌木。日本名"草木瓜",分布在日本本州、四国、九州。也称地梨。与贴梗海棠(*C. speciosa*)、木瓜海棠(*Pseudocydonia sinensis*)为同属植物,果实成熟后有浓郁芳香,可用于泡制果酒。

Malus halliana
垂丝海棠
Hall crabapple
蔷薇科

蔷薇科苹果属落叶小乔木。原产于中国。开花后结小果，酸甜可食，很少结果。传入日本的时期不明。与西府海棠（*M. micromalus*）一起可见于室町时代以后的绘画作品中。

Crataegus cuneata
野山楂
Japanese hawthorn
蔷薇科

蔷薇科山楂属落叶灌木。原产于中国。18世纪传入日本，常被用于盆栽，是良好的盆景素材。果实有健胃整场作用，除药用外，也用来泡酒或加工果干。

Malus asiatica
沙果
Chinese pearleaf crabapple
蔷薇科

原产于中国。平安时代传入日本。明治时代（1868—1912）以前在日本一直称林檎，后为区别于西洋传来的苹果（*M. pumila*），改称为"和林檎"。现在还有少量栽培，主要用来作盂兰盆节的供果。

Diospyros kaki
柿
Persimmon
柿科

柿树原产于东亚，柿科柿属下的落叶乔木。奈良时代由中国传入日本，并在各地形成野生分布。甜柿子有可能是涩柿的突然变异种。"祖父親まごの栄や柿みかむ"（芭蕉）（大意：祖父、父亲到孙子，我家的柿树蜜柑树一代传一代）。

Diospyros lotus
君迁子
Date plum
柿科

柿科柿属落叶乔木。分布于东北亚。很早就传入日本。成熟果可食用,未熟果多用于提制柿漆。日本名"豆柿",因在信浓一带(现长野县)栽培较多,也被称作"信浓柿"。

Punica granatum
石榴
Pomegranate
千屈菜科

千屈菜科石榴属落叶乔木或灌木。原产于西亚，3世纪传入中国，平安时代后期开始在日本栽培。干燥树皮和根皮具有驱虫、止泻作用，民间用于治蛔虫、绦虫等。

Citrus leiocarpa
柑子
Chinese tangerine
芸香科

芸香科柑橘属常绿小乔木或灌木。于8世纪由中国传入日本,是日本常见的一种柑橘。比橘子(*C. unshiu*)糖度低,酸味较强,但耐寒性强,果实也容易保存。

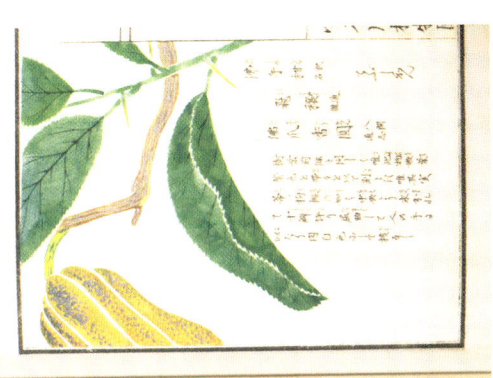

Citrus medica var. sarcodactylus
佛手柑
Buddha's hand
芸香科

原产于喜马拉雅山麓。江户时代前期传入日本。果皮鲜黄色，顶端分歧，张开如手指状，所以称"佛手柑"。生食果肉较少，多用于加工凉果或蜜饯等。

Fortunella margarita
长实金橘
Cumquat
芸香科

不论圆实金橘（*F. japonica*）还是长实金橘都原产于中国。金橘的果实和叶具有止咳作用。果实除生食外，用糖腌、蜜渍或糖水煮等方法加工保存。

Eriobotrya japonica
枇杷
Japanese loquat
蔷薇科

蔷薇科枇杷属常绿小乔木。虽然在日本各地都有自生，但仍然被看作是古代从中国传来的植物。大果品种的栽培始于江户时代末期。

Myrica rubra f. *alba*
杨梅
Japanese bayberry
杨梅科

原产于东亚。果实酸甜,可生食,也用于加工果酱、果酒等。树皮可做染料,伊豆八丈岛的传统和服面料黄八丈就是用杨梅树皮染成的。

Prunus jamasakura
日本山樱
Hill cherry
蔷薇科

在日本常见于本州以西。果实小而酸,但可以食用。《万叶集》中有 "梅の花咲きて散りなば桜花継ぎて咲くべくなりにてあらずや"(大意:梅花飘落不足惜,自有樱花相继开)。

Ginkgo biloba
银杏
Maidenhair tree
银杏科

原产于中国。日本自室町时代开始栽培。银杏的种子又叫白果,可以食用,但种仁中含有微量氢氰酸毒素,生食或多食会引起腹胀、呕吐等中毒症状。

Juglans ailanthifolia
鬼胡桃
Japanese walnut
胡桃科

分布于日本及库页岛的一种野生核桃。多自生于山地或河边,过去一直是山区居民重要的食料之一。据江户《本朝食鉴》记载:其风味不及胡桃楸(*J. mandshurica var. cordiformis*)。

Corylus sieboldiana
日本榛
Asian beaked hazel
桦木科

日本原生种。在日本称"角榛"。与欧洲榛（*C. avellana*）为近缘种。果实可食用，具有开胃、调中、明目等作用。

Quercus acuta
日本常绿橡树
Japanese red oak
壳斗科

壳斗科栎属下的一种常绿乔木。日本名"赤樫"。日本国内主要分布于宫城县、新潟县以西。树皮及树叶富含鞣酸，可用于鞣革剂和媒染剂等，但不作药用。

Torreya nucifera
日本榧树
Japanese torreya
红豆杉科

红豆杉科榧树属常绿针叶树。主要分布于宫城县以南。种子可食用。山梨特产"榧仁糖",就是用榧仁和麦芽糖制成的一种传统小吃,过年过节常在集市上出售。

Pinus koraiensis
红松
Korean pine
松科

在日本主要分布于本州中部、四国。松籽富含油脂和蛋白质,可食用或榨油,在亚洲各地都有利用。也作滋养强壮之药用。

Cycas revoluta
苏铁
Fern palm
苏铁科

分布于宫崎县以南、中国云南等热带及亚热带地区。主要作为观赏植物在各地有种植。在冲绳、奄美大岛一带种子既可食用，也是滋补强壮之药。

Ficus carica
无花果
Fig tree
桑科

桑科榕属落叶小乔木。原产于地中海沿岸至西亚一带。中国古称阿驵，日语称"Ichijiku"，语源来自波斯语"Anjir"。无花果树为雌雄异株，日本只传来雌株，不结种，一般采用扦插繁殖。

Ficus erecta
矮小天仙果
Japanese fig
桑科

桑科榕属落叶灌木。日本国内主要自生于关西以西的海岸或沿海山地。与无花果为近缘植物。果实可食用,但说不上好吃。在日本称"犬枇杷"。

Melastoma candidum
野牡丹
Asian melastome
野牡丹科

日本国内主要分布于奄美大岛、冲永良部岛、琉球群岛等地。根及全草入药，具有清热解毒等作用，中国民间用于治疗肠炎、痢疾、便血、消化不良等。

Bredia hirsuta
日本野海棠
Bredia
野牡丹科

野牡丹科野海棠属下的一种常绿小灌木。为日本固有种。分布于九州、冲绳一带。19世纪初传到大阪和关东,主要作为观赏植物栽培。日本名"波志干木"。

Styrax japonica
野茉莉
Japanese snowbell
安息香科

日本全国有分布。果实含有皂角苷，可作肥皂。《万叶集》中称"山知左"。"山ぢさの白露重みうらぶれて心も深く我が恋やまず"（大意：山知左花披白露，思绪绵绵情不渝）。

Hovenia dulcis

北枳椇

Japanese raisin tree

鼠李科

也叫拐枣,分布于东亚温带地域。成熟果实有肥大的果序梗,肉质多汁,有甜味,可生食。民间也用于解酒毒等。在日本被称作"玄圃梨"。

Zanthoxylum piperitum
日本花椒
Japanese prickly ash
芸香科

芸香科花椒属下的一种落叶灌木。原产日本。分布于北海道至九州南部及朝鲜半岛南部。在日本，早在绳文时代，就被用作香辛调料。四川菜里常用的为花椒（*Z. bungeanum*），在日本也称"华北山椒"。

Tetradium ruticarpum
吴茱萸
Chinese euodia
芸香科

芸香科吴茱萸属落叶灌木或小乔木。原产于中国南部，18世纪传入日本。日本只有雌株，结果但没有种子。果实入药，有散热止痛、强心、兴奋子宫等作用。常用于方剂"吴茱萸汤""温经汤"等。

Rhus javanica
盐肤木
Chinese sumac
漆树科

漆树科盐肤木属落叶小乔木。分布于东南亚及东亚各地。日本全国可见。树液可作涂料。幼枝和叶轴处常有角倍蚜寄生后形的虫瘿，也叫五倍子，可供药用，或用作染料等。

107

Camellia sinensis f. macrophylla
皋芦
Tea plant
山茶科

山茶科山茶属常绿灌木。是茶树的一个变种。分布于云南、四川等地。在日本称"唐茶"。枝叶较大，嫩叶可作茶，但苦味较重，在日本主要用于观赏。

Cucumis melo var. makuwa
香瓜
Oriental melon
葫芦科

葫芦科甜瓜属植物。原产于南亚。日本自古有栽培，种子曾与弥生土器一起出土。香瓜瓜子不易消化，过食会引起便秘。日本名"真桑瓜"。"初真桑四つに断たん輪に切らん"（芭蕉）（大意：今年头回吃香瓜，竖着切成四牙呢，还是横着切成片）。

Citrullus lanatus
西瓜
Watermelon
葫芦科

原产于热带非洲。最早栽培于古代埃及。室町时代以后传入日本。在日本也被称作"水瓜"。果肉多汁,有清热利尿等作用。青果皮又叫西瓜翠衣,民间用于治疗小便不利、浮肿等。

Vitis vinifera
葡萄
Grape
葡萄科

原产于亚洲西部,公元前3000年初叶开始在高加索一带有栽培。镰仓时代(1185—1333)日本有甲州葡萄的记载,日语里葡萄(Budou)的发音有可能来自于西域方言"Budaw"。

Vitis ficifolia
桑叶葡萄
Japanese grape
葡萄科

又称野葡萄。为葡萄科葡萄属植物毛葡萄的亚种。日本名"蝦蔓",日本各地有自生。果实气味独特,不适于生食。日本古称"葡萄葛",据《古事记》记载,古时曾用于酿酒。

Actinidia arguta
软枣猕猴桃
Hardy kiwi
猕猴桃科

分布于中国、日本、朝鲜半岛。果实光滑无毛,味道与猕猴桃(*A. deliciosa*)相似,可生食,也可用于加工罐头、果脯等。藤蔓粗壮强韧,在山区常用于做吊桥等。

Nelumbo nucifera
莲
Lotus
莲科

在日本也有学者认为，莲是一种自生于日本的植物，但现在用于栽培的都是经由中国传来的印度原产种。莲的地下茎（莲藕）、种子均可食用。本图为栽培品种"每曜莲"。

Trapa incisa
四角刻叶菱
Water chestnut
菱科

又称野菱,为菱科菱属一年生浮水植物。分布于中国、日本、朝鲜半岛等地。果实小,有刺角,富含淀粉,可供食用。在日本过去常煮熟食用,现在已被指定为濒危物种。

Sagittaria trifolia L. 'Caerulea'
茨菰
Threeleaf arrowhead
泽泻科

原产于中国，平安时代传入日本，开始在各地栽培。球茎可食用，是日本年节菜中不可缺少的传统食材。在日本过去也被称作"锹于"、"河芋"等。

Syzygium jambos
蒲桃
Rose apple
桃金娘科

也称香果。桃金娘科蒲桃属常绿乔木。原产于东南亚。喜温暖湿润气候。果实成熟时为黄色,果味香甜,闻起来带有玫瑰清香。在日本栽培于冲绳一带。

树木部

Thujopsis dolabrata
罗汉柏
Hatchet-leaved arbor-vitae
柏科

柏科罗汉柏属常绿乔木。原产于日本。日本名"翌桧"。木材有香气，具有杀菌、耐湿、防腐等特点，是重要的建筑和家具用木材，也是高级案板材。

Chamaecyparis pisifera 'Filifera'
比翼花柏
Sawara cypress
柏科

日本原产针叶树日本花柏(Sawara)的一个栽培品种。日本花柏主要分布于岩手县以南，与日本林业代表树种日本扁柏(Hinoki)为同属。较之于扁柏，花柏枝叶较疏朗。

Abies firma
日本冷杉
Japanese fir
松科

分布于日本秋田县以南到九州南端屋久岛,日本海一侧较少。冷杉树形高大、挺拔,近年在日本常被作为圣诞树。材质较软、易腐,过去也被用作棺材木。

Pinus densiflor
赤松
Japanese red pine
松科

日本产的松树中分布范围最广的一种。在日本，黑松（*P. thunberggii*）多生长在海岸，赤松则多生长在内陆。赤松林也是松口蘑的生产林，两者之间有菌根共生关系。

Neolistea aciculata
锐叶新木姜子
Bolly gums
樟科

日本国内主要分布于关东南部以西、四国、九州、冲绳等地。木材用于建筑、家具、薪柴等。日本名"犬樫"。意为材质不如樫的树。樫为壳斗科栎属的一种优质硬木。

Cinnamomum tenuifolium
天竺桂
Japanese cinnamon
樟科

樟科樟属常绿乔木。日本国内分布于福岛县以南,是锡兰肉桂(*C. verum*)的近缘树种。种子可提制精油,民间用于治疗腰痛、痛风等。叶及根皮有香气,但不及锡兰肉桂浓厚。

Magnolia quinquepeta
紫玉兰
Tulip magnolia
木兰科

又称木兰、辛夷。原产于中国西南部。为朝鲜的国花。日本从江户时代开始栽培。花蕾入药,具有镇疼、收敛、杀菌等作用,主治头痛、**鼻炎**、**鼻窦炎**等。

Syzygium aromaticum
丁香
Clove
桃金娘科

桃金娘科蒲桃属常绿乔木。原产于印度尼西亚摩鹿加群岛。花蕾呈丁状,干燥后是一种食物香料,又叫丁子香。在日本也有"百里香"的异名。过去属于贵重香料,奈良正仓院中也有收藏。

Aloe vera
库拉索芦荟
Barbados aloe
阿福花科

芦荟的一种,也叫翠叶芦荟。原产于阿拉伯半岛南部、北非等地。叶可以入药,有清热、通便、杀虫作用。公元前20世纪以前就已经在北非一带被作为药草使用。现在依然受到人们的青睐。

Phellodendron amurense

关黄柏

Amur corktree

芸香科

又称黄檗木。芸香科黄檗属落叶乔木。分布于东亚北部。树皮内层干燥后称为黄檗。有清热解毒、抗菌的作用，主治伤寒、急性肠炎、痢疾等。阿伊努族将成熟果实用作香辛调料。

Berberis thunbergii
日本小檗
Red barberry
小檗科

小檗科小檗属落叶灌木。在日本主要分布于关东以西的温带地域。过去民间用枝、叶的煎汁洗眼治结膜炎、眼充血等，所以日本名为"目木"。枝丛生有刺，俗称"鸟不停"。

Magnolia obovata
日本厚朴
Japanese whitebark magnolia
木兰科

木兰科木兰属落叶乔木。原产于日本。中国东北等地有栽培。日本名"朴木"。叶片大,有香味,具杀菌作用,在日本常被用来包裹食品,有朴叶寿司、朴叶饼等。阿伊努族过去将种子煎煮饮用。

Euonymus tanakae Maxim
厚叶卫矛
Japanese pindle
卫矛科

卫矛科卫矛属落叶灌木。分布于中国、日本九州西南部、冲绳一带。在日本叫"黑檀木",树皮入药,叶可代替杜仲(*Eucommia ulmoides*)作茶,又被称作"黑杜仲"。

Toona sinensis
香椿
Chinese cedar
楝科

楝科香椿属落叶乔木。原产于中国。室町时代传入日本。香椿嫩芽香气浓郁，可炒食或凉拌，在中国是深受人们喜爱的食材，但在日本却很少有人食用。

Catalpa ovata
梓树
Yellow catalpa
紫葳科

紫葳科梓属落叶乔木。原产于中国。江户时代传入日本，作为药用植物在各地栽培。果实中药梓实，有利水消肿作用，在民间用作利尿剂等。

Paulownia tomentosa
毛泡桐
Empress tree
泡桐科

又称紫花泡桐。泡桐科泡桐属落叶乔木。亚洲各地有分布。日本国内在九州等地有野生。桐花淡紫色,在日本被视为吉祥之花,古时有凤凰栖于此树的说法。容易混同于锦葵科的梧桐(*Firmiana simplex*)。

Idesia polycarpa
山桐子
Wonder tree
杨柳科

分布于中国、朝鲜半岛、日本本州以南。种子在中国用于榨油。叶子在日本过去用来包饭菜、食物等,所以在日本被称作"饭桐"。入秋后成串果实红艳夺目,常用于插花等。

Firmiana simplex
梧桐
Chinese parasol tree
锦葵科

又称青桐。原产于东南亚。种子在中国作药用,具有顺气和胃等功效,主治胃痛、腹胀、疝气等。在日本一般不作药用,过去种子焙炒后曾用来代替咖啡。

Melia azedarach var. *toosendan*
苦楝
Chinaberry
楝科

楝科楝属落叶乔木。原产于中国。日本从江户时代开始引种栽培。果实用于肠胃药等。日本名"栴檀"。在中国,"栴檀"指檀香科植物白檀(*Santalum album*)。

Styphnolobium japonicum
槐
Japanese pagoda tree
豆科

豆科槐属大型乔木。原产于中国。日本、韩国自古有栽培。槐花和槐角可供药用，有清凉收敛、止血降压作用，干燥后作止血药、镇痛药等。

Viburnum dilatatum
荚蒾
linden arrowwood
五福花科

广泛分布于东亚各地。果实可食用。枝叶供药用，中国民间用于风热感冒、小儿疳积等。俄罗斯民歌《卡林卡》中的卡林卡，俄语之意为雪球花，也就是荚蒾花。

Chionanthus retusus
流苏树
Chinese fringetree
木犀科

原产于东亚。日本国内在爱知县和岐阜县有隔离分布。树形高大,枝叶茂盛,初夏盛开白花,叶为单叶对生。与梣树(*Fraxinus japonica*)相似,日本名"一叶田子",即单叶梣树之意。

Albizia julibrissin
合欢树
Mimosa
豆科

广泛分布于东亚、南亚等地。因其小叶一到晚上就会闭合在一起,在日语中称"Nemunoki",意为夜眠之树。合欢在中国自古被作为夫妇和睦的吉祥之花。合欢皮有强身作用。

Sapindus mukurossi
无患子
Indian soapberry
无患子科

又称木患子。分布于南亚、东南亚、东亚的热带及亚热带区域。果皮含有皂素,可代替肥皂。果核可作念珠,在日本也在上面插上羽毛做板羽球,树皮被用于强壮剂。

Caesalpinia bonduc
刺果苏木
Grey nicker
豆科

分布于世界的热带、亚热带。日本名"白粒",主要分布于九州以南、冲绳等地。荚果长圆形,有细长针刺,种子球形有光泽,干燥后为白色。叶子煎服可治胃炎、胃溃疡等。与芸实(*C. decapetala var. japonica*)为近缘植物。

Koelreuteria paniculata
栾树
Goldenrain tree
无患子科

原产于中国。日本也有分布,主要自生于本州至九州的日本海沿岸地区。与无患子同样,果核可作念珠。中国古代常种植于达官贵人的墓地,所以又叫大夫树。

Salix babylonica
垂柳
Weeping willow
杨柳科

原产于中国。奈良时代引进到日本,成为平城京的街道绿化树。京都桂川沿岸的柳为垂柳的杂交品种。"春の日に張れる柳を取り持ちて見れば都の大道し思ほゆ"(大伴家持)(大意:春日折柳望京城,大道两旁柳芽新)。

Salix gracilistyla
细柱柳
Rose-gold pussy willow
杨柳科

分布于亚洲东北部。早春出叶前花芽萌发，花穗有白色绢毛，看上去像猫尾，所以在日本被称作"猫柳"。日本各地有分布，又称水杨，叶供药用，有收敛、解毒、利尿作用。

Ulmus davidiana var. *japonica*
春榆
Japanese elm
榆科

分布于中国东北部、朝鲜半岛、日本等地。树皮风干后,可磨粉制成榆面,用于砖瓦的粘合等。中国和日本的古典均记载种子和内皮过去曾作食用。

Trachycarpus fortunei
棕榈
Chusan palm
棕榈科

为棕榈科棕榈属常绿乔木。分布于中国南部、日本九州等地。树干圆柱形,叶鞘处有网状棕衣纤维。棕衣剥取后,经煮沸、熏蒸、风干,然后精制成纤维。

Castanopsis sieboldii
宿椎
Itajii chinkapin
壳斗科

壳斗科锥属的一种常绿乔木。分布于日本福岛县以南至冲绳一带。坚果可食用，树皮可做染料。在日本用于传统面料黄八丈的染色。"椎の実の板屋をはしる夜寒かな"（晓台）（大意：是椎实滚下屋顶吧，想必夜风已寒）。

Triadica sebifera
乌桕
Chinese tallow tree
大戟科

大戟科乌桕属落叶乔木。原产于中国。是中国的三大红叶树种之一。在日本京都被作为秋季的景观树木，多种植于庭园或路边。种子可提取油脂，用于制肥皂、蜡烛等。日本名"南京黄栌"。

Croton tiglium
巴豆
Croton
大戟科

大戟科巴豆属常绿乔木。分布于中国长江以南至印度等地。种子有毒，有较强峻泻作用，食后可引起呕吐、腹泻等。在日本被定为烈性药，一般很少使用。

Morus alba
白桑
Mulberry
桑科

原产于中国。日本最初引进用于养蚕,现在已在各地有野生分布。果实成熟后可食用。桑木材质坚硬,有光泽,不易变形,是茶道用具的高级材料。

Broussonetia kazinoki ×*B. papyrifera*
楮树
Paper mulberry
桑科

桑科构属落叶乔木。是构树和小构树之间的杂交树种。自古用于制纸。在日本现在仍然是制造和纸的主要原料。果实微甜，可食用，但口感不佳。

Gardenia jasminoides
栀子花
Common gardenia
茜草科

广泛分布于东亚各地。干燥果实供药用,也是一种食品着色剂,常用于果子、茶叶等。果实成熟后,果壳也不会自然开裂,所以在日本被称作"kuchinashi",意为"无口花"。

Cornus officinalis
山茱萸
Japanese cornel
山茱萸科

原产于中国、朝鲜半岛。18世纪传入日本。果实味酸涩,具有滋补、健胃等作用,干燥后入药。也泡药酒,做补虚强身之用。

Elaeagnus multiflora var. hortensis
木半夏（变种）
Cherry silverberry
胡颓子科

胡颓子科胡颓子属落叶直立灌木。图为木半夏的一个变种，日本名"唐茱萸"。日本各地有栽培，果实可食用，木半夏的果实在中国也作药用，主治跌打损伤、吐血、痔疮、哮喘等。

Rosa hirtula
山椒蔷薇
Pepper rose
蔷薇科

日本固有种。为蔷薇科蔷薇属落叶小乔木。因叶的形状与山椒相似而得名。主要分布于富士箱根一带。果实大，过去曾用于制果酒，现在已被定为濒危物种受到保护。

Ligustrum japonicum var. rotundifolium
日本女贞(变种)
Wax-leaf privet
木犀科

木犀科女贞属常绿灌木。分布于日本本州、四国、九州等地。中国也有栽培。江户时代以后，在日本培育出多种园艺品种。图为变种之一，日本名"袋籾（*fukuromochi*）"，叶片较圆，叶缘有外翻。

Microtropis japonica
日本假卫矛
Japanese bittersweet
卫矛科

卫矛科假卫矛属的一种常绿灌木。日本名"木荔枝",据说是因为果实成熟后会裂开露出红色的种子,与苦瓜熟后的样子相似而得。苦瓜在日语中称"蔓荔枝"。分布于日本千叶县以南、九州、冲绳等地。多自生于海岸附近的林中。

Osmanthus heterophyllus
柊树
False holly
木犀科

也叫刺柊。分布于日本关东以西以及中国台湾地区。立春前一天,日本有将"鳁鱼"(沙丁鱼)鱼头插在柊枝上,置于家门口避邪的习俗。与柊树很像的欧洲冬青也被用于辟邪。

Euonymus hamiltonianus
西南卫矛
Himalayan spindle
卫矛科

中国、日本均有分布。秋季果实、红叶红艳夺目,是良好的庭园景观树种。嫩芽可食用,种子中富含油分,但药理作用较强,不宜使用。

Symplocos prunifolia
黑灰木
Buff hazelwood
山矾科

山矾科山矾属常绿小乔木。分布于日本关东以西、冲绳等地。枝叶常被用来烧灰，制成灰汁，用于食品加工或染色。叶子干燥后可提取黄色染料，也是一种常用的食品色素。

Nandina domestica
南天竹
Heavenly bamboo
小檗科

原产于中国,古时传入日本,但也有人认为是日本原有的野生植物。日语中"南天(Nanten)"与"难转"谐音,所以南天竹在日本被看作是能够消灾解厄的风水植物,多种植于宅院的东北角。

Lycium chinense
枸杞
Chinese desert-thorn
茄科

茄科枸杞属落叶灌木。原产于东亚。果实可用来泡酒，也可生食或晒干后食用。嫩芽也可食用。"宿かれば月に枸杞つむあるじかな"（芳之）（大意：夜宿村头客栈中，月下枸杞主人摘）。

Deutzia gracilis
细梗溲疏
Slender deutzial
绣球花科

日本固有种。分布于关东以西。溲疏在日本古称"卯花",《万叶集》有"春されば卯の花ぐたし我が超えし妹が垣間は荒れにけるかも"(大意:春天里为了去见心上人,我穿越绿篱踩坏了卯花,而如今我踏出的路已是荒草过膝)。

Weigela coraeensis f. rubriflora
箱根锦带花
Japanese weigela
忍冬科

忍冬科锦带花属落叶直立灌木。日本固有种。主要分布于山梨县以北的本州地区。作为赏花植物，自古就被种植于庭院之中。中国也有引种栽培。图为红花品种。

Rhododendron degronianum
杜鹃花
Adzuma azalea
杜鹃花科

图为日本的一种杜鹃花，日本名"东石楠花"。分布于日本东北地区到中部地区的山地和亚高山带。不易人工引种栽培。常绿杜鹃亚属的杜鹃，一般叶片较大，呈革质，并且含有毒素。

Vitex cannabifolia
牡荆
Vitex
唇形科

原产于中国。是唇形科牡荆属植物黄荆的一个变种。干燥果实在日本称"牡荆子",煎服用于风寒感冒、腹痛吐泻等。在中国又称"黄荆子",煎服,主要用于治疗支气管炎、哮喘等。

Callicarpa dichotoma
白棠子树
Beautyberry
马鞭草科

也叫小紫珠。是马鞭草科紫珠属的一种小灌木。分布于日本九州、中国、越南等地。是日本紫珠（*C. japonica*）的近缘种。紫珠在日本有"紫式部"之称，据说源自平安时代女作家紫式部。

Urena lobata var. sinuata
地桃花
Caesarweed
锦葵科

锦葵科梵天花属多年生植物。分布于日本南部至东南亚等热带及亚热带地区。在日本称"梵天花"。根或全草入药,中国民间用于治疗感冒、风湿、痢疾、心脏性浮肿等。

Hibiscus rosa-sinensis
朱槿
Chinese hibiscus
锦葵科

又叫扶桑。锦葵科木槿属常绿灌木或小乔木。原产于东南亚。17世纪初经由琉球传入江户。在冲绳一带又称后生花，常种植于墓地以祈祷来世幸福。

Camellia japonica cv.
山茶花
Japanese camellia
茶科

分布于日本、朝鲜半岛南部等地。近代以来，作为茶道用花受到人们的喜爱，园艺品种极多。本图为园艺品种之一的"古金襴"。日本各地流传有老山茶树成精的鬼怪故事。

Chimonanthus praecox var. grandiflora
檀香梅
Chinese wintersweet
蜡梅科

腊梅的一种。原产于中国。18世纪传入日本,在日本被称作"唐腊梅"。种子有毒,可以作泻药。"蝋梅や雪うち透す枝のたけ"(芥川龙之介)(透雪溢幽香,蜡梅绽放披银装,花枝何修长。——王众一译)。

Asclepias curassavica
马利筋
Scarlet milkweed
夹竹桃科

原产于南美。19世纪传入日本。种子有白色绢质冠毛，日本名"唐绵"。全株有毒，尤以乳汁毒性较强。在中国又叫"莲生桂子花"，可作药用，主治肺炎、气管炎、扁桃腺炎等。

Gossypium arboreum
棉花
Cotton plant
锦葵科

棉花的栽培品种分为四大类，分别来自于不同的野生种。本图为其中之一的亚洲棉。棉花的种子也可以用来榨油，棉籽油精炼后可供食用。

Ilex crenata
齿叶冬青
Box-leaved holly
冬青科

分布于日本、济州岛等地。日本名"犬黄杨",但与黄杨(*Buxus microphylla*)没有任何关系。是庭园常见的丛植绿化树种。在日本也被置于"乌贼笼"中用于捕捉乌贼。

Osteomeles anthyllidifolia
小石积
Hawaiian hawthorn
蔷薇科

蔷薇科小石积属常绿灌木。分布于中国东南部、日本九州直至夏威夷、波利尼西亚等地。日本名"天梅",又称石梅、磯山椒等。花期4~5月,开花后结红色小球形果实。是日本的濒危物种。

Ixora chinensis
龙船花
Jungle geranium
茜草科

茜草科龙船花属常绿灌木。分布于中国南部至马来西亚。在冲绳,自古就有引进栽培,是冲绳三大名花之一。17世纪传入江户。日本名"三段花",也作山丹花。

Aralia elata

辽东楤木

Japanese angelica-tree

五加科

日本全国有分布。嫩芽可食用,在日本是人们喜食的山野菜之一。根皮、茎在民间也用于治疗糖尿病、肾脏病、肠胃病等。"たらの芽のとげだらけでも喰はれけり"(小林一茶)(大意:楤嫩芽,即使浑身长满刺,也会被吃掉)。

Viscum album subsp. coloratum
槲寄生
Mistletoe
檀香科

檀香科槲寄生属常绿小灌木。原生于欧洲、西亚和南亚。在欧洲的传统文化中槲寄生被视为神圣之物，现在依然被作为圣诞节的装饰使用。人类学家詹姆斯·弗雷泽的《金枝》一书中的金枝就是槲寄生。

Ribes ambiguum Maxim
四川蔓茶藨子
Japanese ground gooseberry
虎耳草科

虎耳草科茶藨子属落叶小灌木。分布于中国四川东部、日本本州以南。是一种稀有的附生植物，一般多附生于日本水青冈等温带林的老树上。日本名"夜叉柄杓"，果实可食用，花像梅花，又称天梅。

Phyllostachys bambusoides var. castillonis
金明竹
Japanese timber bamboo
禾本科

为桂竹的突然变异种。出现于日本宽政七年(1795),当时的街头小报曾有过介绍。同名的古典落语曲目也广为人知。被定为日本的天然纪念物,可见于东京根津美术馆。

Bambusa nana var. *normalis*
蓬莱竹
Clumping bamboo
禾本科

禾本科箣竹属植物。分布于中国南方至东南亚。日本也有引种栽培。过去曾被用于制作火绳枪的火绳。现在多种植于庭园供观赏之用。夏季出笋,在日本又称"土用竹"。

Rhapis humilis
矮棕竹
Broadleaf lady palm
棕榈科

棕榈科棕竹属观叶植物。原产于中国南部至西南部,17世纪末传入日本。在中国,矮棕竹与棕竹(R.excelsa)栽培甚广,是传统的庭园绿化及室内观赏植物。

解说
医食同源：置生死于度外

　　本书是继《江户博物文库·花草之卷》之后的又一部选自小石川植物园（东京大学研究生院理学研究科附属植物园）藏《本草图谱》手抄本的植物图谱。作者为岩崎灌园（1786—1842）。《花草之卷》收录了其前半部"草部"的插图，本书则为其后半部"谷部""菜部""果部""树木部"等各部的节选。原书目录（p.003）中有各部的详细分类。其中"酿造类"为豆腐、年糕、酒等加工食品的一览表，"服帛类、器物类"为衣物及日用什器等的一览表，均不含图。

　　《本草图谱》中把一些同科甚至同种的植物分别列入不同的"部"，还有包括收录顺序在内的分类手法，以现代的感觉来看，多少会让人感到不够恰当。但是，正如池田清彦在《分类的思想》中指出的那样，不论是以生物进化系统为依据的系统分类法，还是以染色体研究为基础的细胞分类法，说到底都是一种以人的主观为基准的分类，未必就优越于近世以前的分类手法。甚至在很多人看来，这种以直感或者以实用性为基准的本草学分类手法更容易让人接受。

　　这部《菜树之卷》中包含了大量可食用的植物。当然《花草之卷》里也出现了不少食用植物，相反在"菜部"及"果部"里又收录了相当一部分怎么看都不宜食用的东西。总之，对于本草学来说，判断一个东西可食与否，关键还是要看它是否具有药效，具有何种药效，而这才是本草学的最大关心之所在。

人常说"第一个吃螃蟹的人是令人佩服的"。的确如此。要想对那些怪诞奇异的动植物下口，没有相当的勇气是不行的。可是，在植物里也有一些外观"普通"，甚至诱人，但却带着剧毒的植物。所以才出现了神农这样的英雄。中国神话中的神农在日本也是路边地摊商贩们的守护神。传说神农为造福百姓，不顾生命危险，亲自尝百草，辨别植物的药性与毒性。他因此多次中毒，最后因尝断肠草中毒而死。所以说本草学的确立，是因为有成千上万个"神农"不顾生死无私奉献的结果。

判断可食与否，虽然也可以用动物做试验，比如让狗或者猴来吃等等。但这些都没有人的舌头来得便捷准确。俗话说酸味代表腐败，苦味代表有毒，因为人的舌头才是最灵敏的探测器。

本书的出版是在分析仪器制造商堀场制作所的大力协助下才得以实现的。人们用舌头把自然划分为"可食"与"不可食"，而这个看似简单的行为恰恰是一个关系到人类生存的最基本的"分析"行为。

（工作舍·米泽敬）

Afterword
Risking One's Life for Healthy Food

Like the previous volume on *Herbaceous Plants* in our *Edo Natural History Library* series, this book also contains a selection from the Honzo Zufu manuscript in the collection of Koishikawa Botanical Gardens (University of Tokyo Graduate School of Science). The author of the 96-volume *Honzo Zufu* was Iwasaki Tsunemasa (aka Iwasaki Kan'en, 1786-1842). The first half of his monumental work was devoted to herbs, and the illustrations in *Herbaceous Plants* were taken from that part. The present book is a digest of the second half of the work, which catalogues grains, greens, fruits and trees, with a profusion of further subdivisions. Some of the subcategories stray far from botany as such and contain only encyclopedic entries without illustrations. For example, the "Distilled products" section includes processed foods like tofu, rice cakes and saké, while "Clothes and utensils" is a catalogue of miscellaneous everyday items from silk robes to chamber pots!

To modern sensibilities, the classification method, the ordering, and the fact that items belonging to the same family, or even the same species, are listed in different sections might seem highly peculiar. However, as the biological structuralist Kiyohiko Ikeda has pointed out, even classifications based on evolutionary lineages or molecular phylogeny through DNA sequencing are ultimately founded on human subjectivity, and are not superior in any absolute sense to pre-modern classification systems. On the contrary, most people are still probably more familiar with herbalist classifications based on intuition or on practical use, even today.

This volume on *Trees and Greens* contains a large number of edible plants. *Herbaceous Plants* also included quite a few herbs that can be eaten, of course, and among the specimens in the present book some would not be very suitable for human consumption. Whether a plant was edible or not was doubtlessly at least as interesting to the herbalist as its original purpose, that is to say its medicinal properties and efficacy.

People sometimes talk of the "courage of the first guy who tried eating a sea cucumber," and it certainly takes a lot of guts to put some truly grotesque-looking or suspiciously flashy plant or animal in your mouth. On the other hand, there are also plenty of plants that look quite ordinary, or even delicious, but are in fact highly toxic. That is precisely why myths and legends are full of heroes like Shennong, a mythical sage in ancient China who supposedly taught people the use of the plow and of medicinal herbs, and who later became the guardian deity of perfume makers and hawkers in Japan as well. By licking a plant, Shennong could determine its medical value and toxicity, or so the story goes. Nevertheless, the toxins accumulated in his body over time, and he reportedly died from licking on Heartbreak grass (Gelsemium elegans). Judging the utility of plants was an extremely risky business. Behind the establishment of herbalism were thousands of brave men and women like Shennong.

One method of testing whether something is edible or not is giving it to a dog or a monkey, but the human tongue is the best sensor after all. We are all familiar with the folk wisdom that sourness means decay, and that bitter taste is a sign of poison.

This book has been realized thanks to the support of the analytical equipment manufacturer HORIBA, Ltd. Using the tongue to divide the natural world into two classes, "edible things" and "inedible things," was also a fundamental act of analysis on which the future of humankind depended.

Kei Yonezawa
Kousakusha

索引

A
矮小天仙果(桑科)　　　　　100
矮棕竹(棕榈科)　　　　　　183

B
巴豆(大戟科)　　　　　　　150
白桑(桑科)　　　　　　　　151
白棠子树(马鞭草科)　　　　168
稗子(禾本科)　　　　　　　011
北枳椇(鼠李科)　　　　　　104
比翼花柏(柏科)　　　　　　119

C
蚕豆(豆科)　　　　　　　　017
齿叶冬青(冬青科)　　　　　175
齿叶苦荬菜(菊科)　　　　　039
赤松(松科)　　　　　　　　121
翅果菊(菊科)　　　　　　　038
垂柳(杨柳科)　　　　　　　144
垂丝海棠(蔷薇科)　　　　　080
春榆(榆科)　　　　　　　　146
茨菰(泽泻科)　　　　　　　116
刺果苏木(豆科)　　　　　　142
葱(石蒜科)　　　　　　　　020

D
大豆(豆科)　　　　　　　　016
刀豆(豆科)　　　　　　　　019
地桃花(锦葵科)　　　　　　169
丁香(桃金娘科)　　　　　　125
杜鹃花(杜鹃花科)　　　　　166
冬瓜(葫芦科)　　　　　　　060
兜李(蔷薇科)　　　　　　　072
盾叶茅膏菜(茅膏菜科)　　　045
多洼马鞍菌(马鞍菌科)　　　070

F
番茄(茄科)　　　　　　　　058
番薯(旋花科)　　　　　　　049
佛手柑(芸香科)　　　　　　087
附地菜(紫草科)　　　　　　040

G
甘露子(唇形科)　　　　　　054
柑子(芸香科)　　　　　　　086
皋芦(山茶科)　　　　　　　108
枸杞(茄科)　　　　　　　　163
构树(桑科)　　　　　　　　152
关黄柏(芸香科)　　　　　　127
鬼胡桃(胡桃科)　　　　　　093
桂竹(禾本科)　　　　　　　055

H
合欢树(豆科)　　　　　　　140
黑百合(百合科)　　　　　　053
黑灰木(山矾科)　　　　　　161
红皮芜菁(十字花科)　　　　024
红松(松科)　　　　　　　　097
厚叶卫矛(卫矛科)　　　　　130
葫芦(葫芦科)　　　　　　　059
槲寄生(檀香科)　　　　　　179
槐(豆科)　　　　　　　　　137
黄瓜(葫芦科)　　　　　　　062
茴香(伞形科)　　　　　　　030

J
姬早百合(百合科)　　　　　050
戟叶蓼(蓼科)　　　　　　　007
荚蒾(五福花科)　　　　　　138
豇豆(豆科)　　　　　　　　018
金明竹(禾本科)　　　　　　181
蕨(碗蕨科)　　　　　　　　043

189

蕨叶草（罂粟科） 046
莙荙菜菜（藜科） 034
君迁子（柿科） 084

K
刻叶紫堇（罂粟科） 029
苦瓜（葫芦科） 063
苦楝（楝科） 136
苦菊（菊科） 037
库拉索芦荟（阿福花科） 126

L
喇叭陀螺菌（鸡油菌科） 066
栗（壳斗科） 075
莲（莲科） 114
辽东楤木（五加科） 178
流苏树（木犀科） 139
柳叶蓬（菊科） 012
龙船花（茜草科） 177
栾树（无患子科） 143
罗汉柏（柏科） 118
罗勒（唇形科） 031
落葵（落葵科） 041

M
马齿苋（马齿苋科） 035
马利筋（夹竹桃科） 173
毛泡桐（泡桐科） 133
棉花（锦葵科） 174
孟宗竹（禾本科） 056
牡荆（唇形科） 167
木半夏（胡颓子科） 155

N
南瓜（葫芦科） 061
南天竹（小檗科） 162

P
蓬莱竹（禾本科） 182
枇杷（蔷薇科） 089
葡萄（葡萄科） 111
蒲桃（桃金娘科） 117

Q
茄子（茄科） 057

R
日本常绿橡树（壳斗科） 095
日本榧树（红豆杉科） 096
日本山椒（芸香科） 105
日本厚朴（木兰科） 129
日本假卫矛（卫矛科） 158
日本冷杉（松科） 120
日本木瓜（蔷薇科） 079
日本女贞（木犀科） 157
日本七叶树（无患子科） 077
日本山樱（蔷薇科） 091
日本水青冈（壳斗科） 076
日本小檗（小檗科） 128
日本野海棠（野牡丹科） 102
日本榛（桦木科） 094
软枣猕猴桃（猕猴桃科） 113
锐叶新木姜子（樟科） 122

S
桑叶葡萄（葡萄科） 112
沙果（蔷薇科） 082
山茶花（茶科） 171
山椒蔷薇（蔷薇科） 156
山芥（十字花科） 032
山桐子（杨柳科） 134
山药（薯蓣科） 048
山蒿菜（十字花科） 033
山茱萸（山茱萸科） 154
珊瑚菌（鸡油菌科） 069

蛇头菌(鬼笔科)	071
麝香百合(百合科)	051
生姜(姜科)	026
石花菜(石花菜科)	064
石榴(千屈菜科)	085
柿(柿科)	083
水菜(十字花科)	023
水稻(禾本科)	008
睡菜(龙胆科)	065
四川蔓荼蘼子(虎耳草科)	180
四角刻叶菱(菱科)	115
松口蘑(口蘑科)	067
苏铁(苏铁科)	098
粟(禾本科)	010
宿椎(壳斗科)	148

T
檀香梅(蜡梅科)	172
桃(蔷薇科)	074
天竺桂(樟科)	123
茼蒿(菊科)	027
土圉儿(豆科)	047

W
乌桕(大戟科)	149
无花果(桑科)	099
无患子(无患子科)	141
吴茱萸(芸香科)	106
梧桐(锦葵科)	135

X
西瓜(葫芦科)	110
西南卫矛(卫矛科)	160
细根萝卜(十字花科)	025
细梗溲疏(虎耳草科)	164
细香葱(石蒜科)	021
细柱柳(杨柳科)	145
香椿(楝科)	131
香瓜(葫芦科)	109
箱根锦带花(忍冬科)	165
小梅(蔷薇科)	073
小石积(蔷薇科)	176

Y
盐肤木(漆树科)	107
杨梅(杨梅科)	090
野茉莉(安息香科)	103
野牡丹(野牡丹科)	101
野山楂(蔷薇科)	081
野亚麻(亚麻科)	005
野燕麦(禾本科)	006
薏苡(禾本科)	013
银杏(银杏科)	092
罂粟(罂粟科)	014
鱼腥草(三白草科)	042
虞美人(罂粟科)	015
玉米(禾本科)	009
芫荽(伞形科)	028
芸薹(十字花科)	022

Z
枣(鼠李科)	078
长实金橘(芸香科)	088
沼生水马齿(车前科)	036
浙江百合(百合科)	052
栀子花(茜草科)	153
柊树(木犀科)	159
朱槿(锦葵科)	170
梓树(紫葳科)	132
紫褐牛肝菌(牛肝菌科)	068
紫萁(紫萁科)	044
紫玉兰(木兰科)	124
棕榈(棕榈科)	147

图书在版编目（CIP）数据

菜树之卷 / 日本工作舍编；梁蕾译. — 北京：北京联合出版公司，2020.11
（江户博物文库）
ISBN 978-7-5596-4342-1

Ⅰ.①菜… Ⅱ.①日… ②梁… Ⅲ.①果树—世界—图集 Ⅳ.①S66-64

中国版本图书馆CIP数据核字(2020)第112843号

Copyright © 2017 by kousakusha
本书经由日本工作舍授权上海雅众文化传播有限公司，在中国大陆地区编辑出版中文简体版。
未经书面同意，不得以任何方式复制或转载。
（本件著作物は、工作舎授権により、上海雅衆文化有限公司が中国大陆で中国語簡体字版を翻訳出版するものとする。書面の同意がない場合、いかなる形式で複製や転載することが禁止される）

菜树之卷

编　　　者：日本工作舍
译　　　者：梁　蕾
出　品　人：赵红仕
责任编辑：孙志文
策　划　人：方雨辰
策划编辑：陈希颖
特约编辑：黄　欣　蔡加荣
原版装帧设计：日本工作舍
装帧设计：方　为

北京联合出版公司出版
（北京市西城区德外大街83号楼9层　　　100088）
北京联合天畅文化传播公司发行
山东临沂新华印刷物流集团有限责任公司印刷　　新华书店经销
字数40千字　787毫米×1092毫米　1/32　6印张
2020年11月第1版　2020年11月第1次印刷
ISBN 978-7-5596-4342-1
定价：52.00元

版权所有，侵权必究
未经许可，不得以任何方式复制或抄袭本书部分或全部内容
本书若有质量问题，请与本公司图书销售中心联系调换。电话：64258472-800